文系も理系もハマる数学クイズ100

解けば解くほど、頭が鋭くなる！

算数・数学教室math channel 代表
数学のお兄さん
横山明日希

JN013896

青春出版社

突然ですが、クイズです！

　1％の確率で当たるくじに100回挑戦します。少なくとも１回は当たる確率は、次のA 〜 Dのうちどれでしょうか？
　A　90 〜 100%　B　80 〜 89%
　C　70 〜 79%　D　60 〜 69%

　さらに、同じくじ100回引くのに1万円かかるとします。当たると１万円もらえますが、100回挑戦しますか？

　「当たる確率は１％だから、100回に１回は当たるということ。答えはA」「１万円使って、少なくとも１万円は当たりそうだから、やって損なし」と直感で答えたくなります。

　しかし、実は正解はAではないのです。また、このくじに挑戦するのもおすすめしません。答えは208ページに。

　そんな、「やられた！」「そう考えるのか」と、思わずうなるような数学クイズを100問、収録しています。**本書は、問題を読み解き、考え抜いて、答えをつくる──。そんな「解き抜く力」が身につきます。**

　でも、「中学で数学をあきらめたド文系の私でもできる？」
「ややこしい計算ばかりじゃない？」
「そもそも、本当におもしろい？」

　……次のページの「はじめに」で、お答えします。

はじめに　～考え抜いた先におとずれる至福の瞬間～

はじめましての方、はじめまして！

　ぼくは、子どもから大人まで、算数・数学を教える「数学のお兄さん」横山明日希です。「数学をもっと身近に。もっと楽しく」感じられる活動をしている人だと思ってください。算数・数学教室で教えたり、講演したりするとよく聞かれるのが**「数学的な能力を身につけたい」「数学コンプレックスをなくしたい」**です。

　嫌いでも思わず数学に没頭してしまう、そんなきっかけは実はかんたん。**「ストンと腑に落ちるという納得感」「わかった！ という感動」**を体感することにあったのです。前作の『文系もハマる数学』（青春出版社刊）で、多くの人にそれを体感して頂きました。今回は、それを「数学クイズ」で感じて頂きます。

　「難しそう」「答えられないとつまらなそう」という声が聞こえてきそうですが、数学クイズは「考える」「わかった気がする」だけでも充分なのです。さらに、正解でなくても「なるほど！」「やられた！」という気持ちが生まれたら、それは、数学に感動している証拠。数学的センスが身についているのです。**本書は、数学的センスを「直感力」「論理力」「アイデア力」「思考体力」「問題解決力」として、これらが身につくように作りました。**

　これらの能力はふだんの生活に役立ちます。なぜなら、世の中は問題であふれているからです。人生には判断に悩まされることがたくさんあるからです。そんなときに役立つのは「自分のアタマ」ではないでしょうか。本書で身につけた数学的センスは、ふ

だんの生活で味方になること間違いありません。楽しく挑戦して、数学的センスを身につけましょう。

「公式なんて忘れた」「解き方を知らないとできないならムリ」
という人でも、問題ありません。素の地頭で挑戦できます。

　では、実際にどのようにしてクイズを解くか。

　次のようなスタンスで臨んでみてください。

①「答えは問題にアリ！」。注意深く読み返すと、解き方がひらめくことがあります。

②「パッと見て解けない」と思っても、取りかかると意外とかんたんだったりします。「途中まででもやってみよう」くらいの気持ちでいいのです。

③「知識ではなく、考えて解くもの」だと思ってください。試行錯誤すると、きっと答えに近づく1歩が見えてきます。

④「正解だけがゴール」ではなく、「解説をながめて、理解できることもゴール」です。

　もし、行き詰まったときには思い出してみてください。

　最後に「数学クイズっておもしろい？」にお答えします。数学クイズは、すぐに解けるものばかりではありません。しかし、**考え抜いた先に「答えが見つかる！」「解説がわかる！」その瞬間、何ものにも代えがたい至福の瞬間がおとずれます。**数学者・研究者は、この快感がやみつきになっている人も少なくありません。

　そんな、至福の瞬間を表現した、ひと場面を紹介します。絶賛連載中、マンガ『数学ゴールデン』（藏丸竜彦著・白泉社）です。

青春の全てを数学に捧げる、数学好き高校生、小野田春一は数学オリンピック（数オリ）の日本代表を目指します。そんなハルイチが教室の黒板を使って、数学の問題を解いている場面です。

©藏丸竜彦／白泉社

本書の数学クイズでは、サクッと解ける問題から理系も頭を抱える問題まで用意しています。100問に挑戦して、あなたも至福の瞬間をぜひ味わってみてください！

解けば解くほど、頭が鋭くなる!

文系も理系もハマる **数学クイズ 100**

【目　次】

はじめに　〜考え抜いた先におとずれる至福の瞬間〜

004

Level 1

まずは頭のストレッチ! **直感力クイズ**

009

Level 2

情報を整理して見抜く! **論理力クイズ**

049

Level 3

360°を超えた視点で解く! **アイデア力クイズ**

101

Level 4

考えて考えて考え抜く! **思考体力クイズ**

147

Level 5

解けたら天才! **問題解決力クイズ**

189

おわりに　〜数学クイズ100問で身についた3つのこと〜

219

Level
1

**まずは
頭のストレッチ！**

直感力
クイズ

こんにちは、数学のお兄さんです。

これからレベルを5段階にわけ、合計100問の数学クイズを出題します。

まずは、ひらめくと「ぱっ」と瞬間的に解ける問題を揃えてみました！　あせらずじっくりと問題文を読みつつも、自分の直感を大切にしながら数学クイズを解いてみましょう。

直感で解いたあとは、今度は、なぜその答えになるのか、理由についてじっくり考えてみると直感力が論理的に考える力にもつながり、もっと難しい問題とも向き合うことができるようになるはずです。

数学クイズのナビゲーター！

数学のお兄さん

数学を広める活動をしている。クイズのヒントを教えてくれる。

かめます

理系で物知り。数学の新たな発見や、数学知識を身につけたい。

かずと

文系でクイズ好き。おもしろいクイズがあると聞いて、苦手な数学に挑戦。

ある健康ジムが「今年は、昨年より女性会員の割合が増えました」と宣伝しています。昨年の会員は男性が150人、女性が50人在籍していたそうです。次の①〜③のうち、あてはまるものを選びましょう。

① **男性会員が100人増えて、女性会員が30人増えた**

② **男性会員が40人やめて、女性会員が10人やめた**

③ **男性会員が10人やめた**

A.②、③

パッと見ると、女性会員が増えた①が答えだと思います。

しかし、①では、男性会員の割合が圧倒的に増えたので、

女性会員の割合は減ってしまっていたのです。

実際に計算して、確認してみましょう。

昨年の男性は、全会員のうち75%で、女性は25%です。

①男性250人（75.7575…%）・女性80人（24.2424…%）

②男性110人（73.333…%）・女性40人（26.666…%）

③男性140人（73.68…%）・女性50人（26.315…%）

> 数学的に考えると、
> 宣伝のウラが見えてきます

数学のお兄さんは、悔しい気持ちでいっぱいです。ビンゴゲームで勝てなかったからです。なんと、あと1つ〇が入るだけでビンゴになっていたところだったのです。このとき、数学のお兄さんのビンゴくじはどのような状態だったでしょうか。

ビンゴにならないで〇が最大になるとき、〇はいくつかけるでしょう？

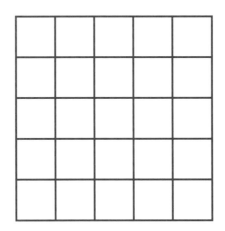

Hint!

タテに〇が5つ並ぶとビンゴになります。ヨコ、ナナメも同じです

A.20

ビンゴにならないように、タテ、ヨコ、ナナメに空きが1つあるようにつくりましょう。

（例）

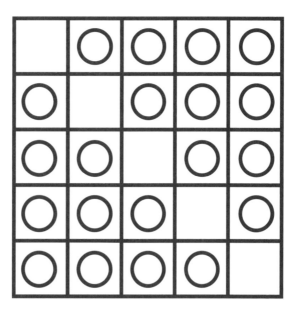

口に入れると半分に、ふたをすると2つ減る、ある数は何？

「口に入れる」
「ふたをする」って
何だろう

A.八

「八」を「口」に入れると「四」になるので、半分になります。
「八」にふたをすると「六」になるので２つ減ります。

なるほど、
そういうことか！

かずとは何度やっても、数学のお兄さんに「数取りゲーム」をやって勝てません。数取りゲームとは、2人が「1」から交互に数えていき、「21」を言ったほうが負けというルールです。ただし、お互いに3つずつまで数え上げることができます。

実は、必勝法は後手にあるのですが、どのように数えていけば後手は勝てるでしょうか？

数取りゲーム：対戦例

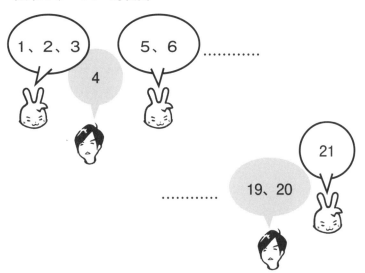

A. 4の倍数で止める

勝つためには「20」を言ったら相手に「21」を言わせられます。そのためには相手に「17〜19」で止めさせる必要があります。つまり、自分が「16」を言えばいいのです。

自分が「16」を言うためには、相手に「13〜15」を言わせればよく……と考えていくと、自分が言い止める数が「20」「16」「12」「8」……となるわけで、4の倍数で言い止めればいいのです。

だから勝てなかったのか〜

「スタート」から、「1」「2」……
「8」「9」を順番にたどりながら、
すべてのマスを通ってゴールしまし
ょう。ただし、ナナメには進めません。

スタート						6		8
	1	3						
					7			
2				5				
	4				9			ゴール

Hint!

まちがいを見つけるほど、正解に近づきますよ

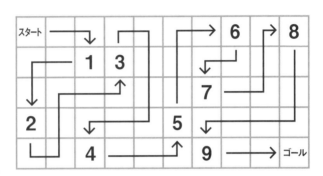

A.

スタートから進めてゴールを目指せますが、それだけでなく、ゴールからもたどることで、よりかんたんに答えをみちびき出せます。

次の図に、どのくらい「えん」が見つかるでしょうか？

〇の円、漢字の円、
カタカナのエン、
A. お金の¥、英語のEN

Qの図
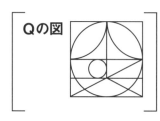

〇の円
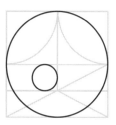

漢字の円
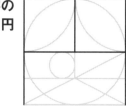

カタカナのエン
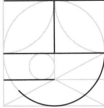

お金の¥
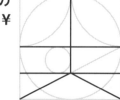

英語のEN
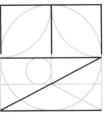

数学のお兄さん、かめます、かずとの3人が、1対1で100m走をします。
「かずとは、数学のお兄さんに20m差でゴール」し、「数学のお兄さんは、かめますに20m差でゴール」しました。
かずととかめますが競争すると、かずとは何m差でかめますに勝てるでしょうか？

A.36m差

「かずとは、数学のお兄さんに20m差でゴール」なので、かずとが100m走った時間と数学のお兄さんが80m走った時間は同じです。これで等式を作りましょう。

「時間＝道のり÷速さ」がポイントです。

かずとの速さをa、数学のお兄さんの速さをbとして、時間で等式を作ると次のようになります。

$$\frac{100}{a} = \frac{80}{b}$$
$$a = \frac{5}{4}b \quad \cdots ①$$

「数学のお兄さんは、かめますに20m差でゴール」なので、かめますの速さをcとして同じように等式を作ります。

$$\frac{100}{b} = \frac{80}{c}$$
$$c = \frac{4}{5}b \quad \cdots ②$$

かずととかめますが競走したとき、かめますが走った距離を x mとしたとき、次のように等式が成り立ちます。

$$\frac{100}{a} = \frac{x}{c}$$

①と②を代入して計算しましょう。すると、x は、64になります。よって、かずととの差は36mになります。

式にある５つのローマ字に、１から
５までの数を１つずつ入れて、式を
完成させましょう。Ａ＜Ｂとします。
答えは１通りだけです。

Ａ×Ｂ＋Ｃ＝ＤＥ

A. 2×4＋5=13

答えは1通りなので、数字を入れていけばいずれ答えにたどりつきます。

しかし、なるべく効率よく探すようにしましょう。

そこで、まずは、答えが2ケタになり、最小になる数を入れていきます。

$2×3+4=10$

次に、最大になる数を考えましょう。

$4×5+3=23$

どうやら、答えが10〜23の間にありそうだとわかります。

もう1つわかることは、Dは、1か2になりそうですね。さらに、答えが2ケタになるので、Aに1は入らないとわかります。

上記をもとに数字をあてはめてみると、意外とかんたんにみつかります。

地球に１周分のロープを巻き付けます。

地表から１ｍ浮くようにロープを巻き付けるためには、どれだけの長さのロープを足して、つなぎ合わせればよいでしょうか？

地球と同じ
長さのロープ

地表から１ｍ
浮かせたロープ

A.約6.28m分

地球の直径の大きさをrとします。すると、地球の周囲の長さは、円周の求め方で求められます。

（円周の長さ）＝（直径）×（円周率）

（地球の周囲の長さ）＝rπ …①

1m浮くようにロープを巻き付けるときの
直径は(r＋2) m。
すると、地球の周囲の長さは、次のようになります。

（1m浮いたロープの長さ）＝(r＋2)π …②

式①と②より、1m浮いたロープの長さは、地球の周囲の
長さから2πm長いことがわかります。
πは約3.14なので、2πmは約6.28m。

次の足し算や引き算の法則で考えると「？」に入る数字は何でしょうか？

$$+ + + = 20$$

$$- + + = 11$$

$$- - + = -9$$

$$- - - = ?$$

ヒントは問題文に
隠されていますよ

A.0

＋や－を漢数字の10や1と解釈すると次のようになります。

$$10+10 =20$$
$$1+10 =11$$
$$1-10 =-9$$

$$1-1 =0$$

問題文に「足し算」「引き算」とありましたね。何と何を足したり引いたりしていたかを考えるとピン！ とひらめいたかもしれません

次のように数が並ぶとき、「?」に
入る数はそれぞれ何でしょうか？

1 2 3 4 5

1 2 3 4 1

5 ? ? ? 2

4 3 2 1 3

3 2 1 5 4

A. 4、5、5

左上の1から右、次に下、次に左へ……、時計回りに1～5が順番に並んでいます。

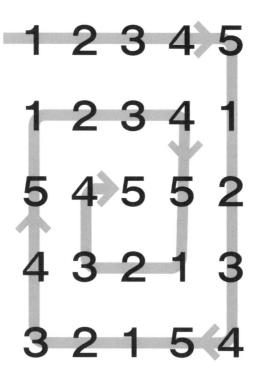

サッカーボールは、どのような形で構成されているでしょうか？

Hint!

2つの図形が使われていますよ

正五角形と
A.正六角形

正五角形が12こ、正六角形が20こで、
32面体になっています。

展開図はすき間があるのですが、これを組み立てて空気を入れて膨らませると球に近い形が出来上がります。ラグビーボールのように変な方向に飛ばず、蹴ったらまっすぐに飛ぶ球状にするにはこの32面体が適しているのです。これを発明した歴史は古く、古代ギリシャの数学者アルキメデスといわれています。今から2200年以上前の紀元前200年頃の話です。

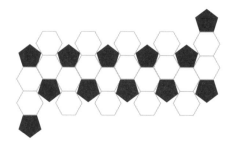

100円玉を100円玉の周りで1周
させると、何回転するでしょうか？

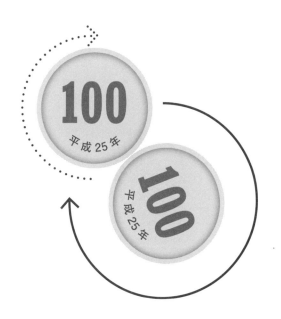

A. 2回転

直感では、1周させるのだから1回転するのが答えではないかと思いませんか? 実際に100円玉を使って回転させてみると2回転だとわかります。

この印象のズレは、100玉が移動した距離にありました。1周して移動する距離は100円玉の周囲の長さと同じだと考えてしまいます(図1)。しかし、実際は1周する100円玉の中心が移動した距離だったのです(図2)。

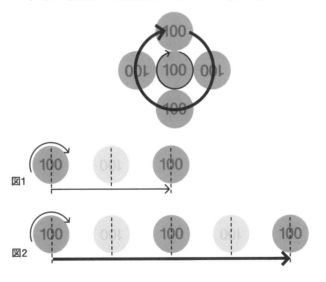

図1

図2

南に10km、次に東に10km、さらに北に10km歩くと、もとの出発地点に戻ってしまいました。この出発地点とは、北半球のどこでしょうか？

A.北極点

北極点

南に10km　　北に10km

東に10km

南極点

「12面のサイコロ」と「6面のサイコロ2この合計」での目の出方の違いはなんでしょうか？

えっ、同じじゃないの !?

12面のサイコロは、
1 〜 12が等しく出る。
6面のサイコロ2こは、目の合計が
A. 6〜8が出やすく、1にはならない

12面サイコロが出る目は次の通りです。

1　2　3　4　5　6　7　8　9　10　11　12

6面サイコロ2この合計と目は次の通りです。

2 ＝（1・1）
3 ＝（1・2）（2・1）
4 ＝（1・3）（2・2）（3・1）
5 ＝（1・4）（2・3）（3・2）（4・1）
6 ＝（1・5）（2・4）（3・3）（4・2）（5・1）
7 ＝（1・6）（2・5）（3・4）（4・3）（5・2）（6・1）
8 ＝（2・6）（3・5）（4・4）（5・3）（6・2）
9 ＝（3・6）（4・5）（5・4）（6・3）
10 ＝（4・6）（5・5）（6・4）
11 ＝（5・6）（6・5）
12 ＝（6・6）

7が出るのが6通り、6と8は5通りずつです。このように、2や12が出にくく、6〜8が出やすくなっています。

1㎝幅の方眼用紙に、2㎠の正方形を描きなさい。

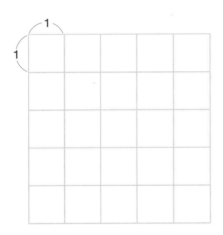

Hint!

1㎝幅なので、1マス1㎠です。

√（ルート）を使わなくても解けますよ

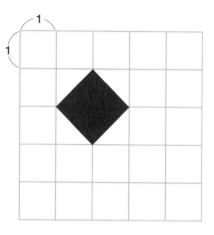

A.

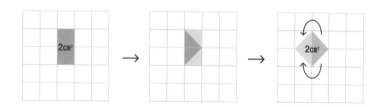

1マス1cm²ならば、2マスで2cm²です。1マスの半分である三角形は0.5cm²なので、4つで2cm²になります。

マスの中に1から7の数を1つずつ入れて、矢印の向き（タテ、ヨコ）でたし算したときの答えがすべて同じになるようにしましょう。ただし、黒いマスには数を入れません。

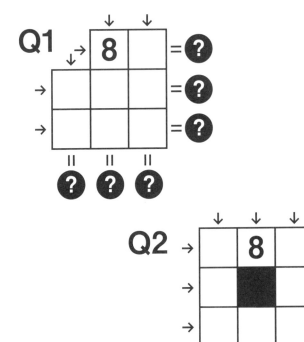

Q1

$\downarrow$ $\downarrow$

$\downarrow\rightarrow$

$8 + 4$ = **12**
$+$ $+$
$\rightarrow$ $7 + 3 + 2$ = **12**
$+$ $+$ $+$
$\rightarrow$ $5 \quad 1 + 6$ = **12**

$=$ $=$ $=$
12 **12** **12**

Q2

$\downarrow$ $\downarrow$ $\downarrow$

$\rightarrow$ $1 + 8 + 3$ = **12**
$+$ $+$ $+$
$\rightarrow$ $5 + \quad + 7$ = **12**
$+$ $+$ $+$
$\rightarrow$ $6 \quad 4 \quad 2$ = **12**

$=$ $=$ $=$
12 **12** **12**

A. _____

次の十字の図形を４つに切り分け、並べかえて正方形にしたい。どのように切り分けるとよいでしょうか？

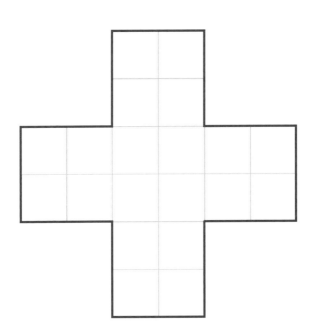

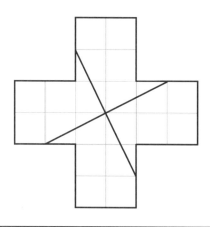

A.

切り分けた図形を並べかえると次のようになります。

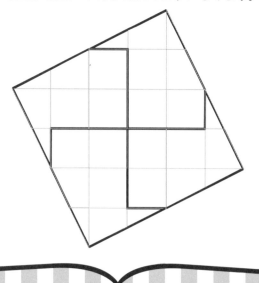

1階から5階まで上がるのに20秒かかるエレベーターがあります。このエレベーターで1階から10階まで上がるのに何秒かかるでしょうか？

> 5階まで
> 20秒もかかるエレベーター……

A. 45秒

　１階から５階まで20秒かかるためエレベーターならば、10階はその２倍かかるから、「答えは40秒！」と考えてしまいますが、正解は45秒です。

　ポイントは、1階は地上なので1階から5階まで上がる階数は、４階分です。同様に1階から10階まで上がる階数は９階分です。

　４階分で20秒かかるので、1階上がるのにかかる時間は５秒（20÷４）です。

　よって、1階から10階までの９階分にかかる時間は、
　　９×５＝45
となり、45秒が正解です。

情報を
整理して見抜く!

論理力
クイズ

続いて今度は「論理的思考力」を必要とする問題です。もちろん直感で答えにたどりつくこともOKですが、ここでは、「式を書いたり」「状況を想像したり」「図を描いたり」「因果関係を整理したり」となにか1つステップをはさんで解いてみることをおすすめします。問題と向き合う上で、様々な角度で問題を読み解くことが大切になります。論理的な思考を着実に身につけ、様々な問題と向き合えるようになりましょう!

<ルール1～3>にしたがって、次の
□に、1～7を1つずついれましょう。

□ □ □ □ □ □ □

<ルール1>
4と5の間の合計は12

<ルール2>
1と3の間の合計は6

<ルール3>
3と7の間の合計は6

7、4、2、3、6、1、5
A. (5、1、6、3、2、4、7も正解)

まずは、ルールを読み解きましょう。

ルール1より、4と5の間の合計が12なので、数字が3つ以上入りそうです［4 12 5］。

ルール2より、1と3の間の合計が6なので、数字が1つ以上入りそうです［1 6 3］。

ルール3より、3と7の間の合計が6なので、数字が1つ以上入りそうです［3 6 7］。

まだ、出ていない数字は2と6ですね。

まずは、ルール1である［4 12 5］の間に入る数字を考えましょう。［4 3 6 7 5］は、どうやら違うようです。［4 1 6 3 2 5］これでルール1を満たしました！

次に、ルール2を満たすためには「6」を入れて［416325］でピッタリです。

最後にルール3を考えましょう。［416325］を並べかえられるのは次の4パターンです。

［4 1 6 3 2 5］［4 3 6 1 2 5］［4 2 1 6 3 5］［4 2 3 6 1 5］。この中から、［3 6 7］になるように7を置きます。すると、［4 2 3 6 1 5］に7を置いて［7 4 2 3 6 1 5］とすると、ルール3を満たします！

ある日、数学のお兄さんがかずとに、こんなことを言いました。「ぼくは、必ず雨を降らせられる儀式を知っている」と。はたしてどんな儀式でしょうか？

雨が降るまで
A. 儀式を続ける

次の容器を使って、水4L を
量りたい。どのようにすれば
いいでしょうか?

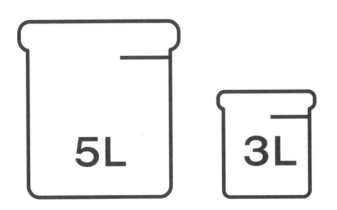

A. 5Lをいっぱいにして、3L容器に入れると、2Lが残る。3L容器の水を捨て、2Lを3L容器に移す。空になった5L容器にもう一度水を満たす。2Lの水が入っている3L容器に水を満たすと5L容器は4Lになっている

答えを、簡単に表します。
（5L容器の水の量：3L容器の水の量）
（5：0）→（2：3）→（2：0）→（0：2）→（5：2）→（4：3）

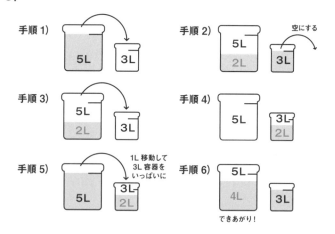

手順 1)

手順 2) 空にする

手順 3)

手順 4)

手順 5) 1L移動して3L容器をいっぱいに

手順 6) できあがり！

別解があります。上のようにかんたんに表します。
（0：3）→（3：0）→（3：3）→（5：1）→（0：1）→（1：0）→（1：3）→（4：0）

かずととかめますは、ある3日間を過ごしました。

　1日目には、かずとがウソをつく

　2日目には、かめますがウソをつく

　3日目には、両方がウソをつく

3日間のいずれかのある日、数学のお兄さんが2人を訪ねて、「ウソをついたか」聞くと、2人はそれぞれこう答えました。

　かずと「昨日、ウソをつきました」

　かめます「昨日、ウソをつきました」

さて、数学のお兄さんが訪ねたのは、1日目から3日目までの間のいつでしょうか?

A. 2日目

　1日目に、かずとがウソをついたので、2日目にかずとが「昨日、ウソをつきました」と答えたのは正しいです。

　2日目に、かめますはウソをつきます。かめますは1日目にウソをついていないのに、「昨日、ウソをつきました」とウソを答えたのです。よって、数学のお兄さんが訪ねたのは2日目です。

「?」には、同じサイズの立方体の積み木が並んでいます。
全体で積み木の数はいくつありますか?

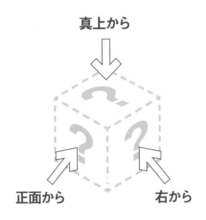

真上から

正面から　　　　　　　　　　　右から

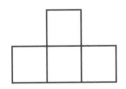

正面から見ると

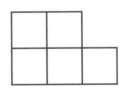

真上から見ると

右から見ると

A. 7つ

積み木を立体的に見てみると次のようになります。

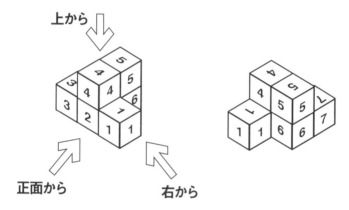

上から

正面から

右から

	4	
3	2	1

正面から見ると

7	5	
3	4	1

真上から見ると

4	5
1	6

右から見ると

かめますが慌てふためいて「ついにぼくは、 1＝2を証明した！」と言いました。かずとは「ウソでしょ!?」と驚いています。数学のお兄さんは 「落ち着いて。どんな証明か教えて?」と言います。

かめますの説明で間違えているところはどこでしょうか?

1＝2が成り立つことを証明します。

$$b＝a$$

とする。両辺にaを足すと

$$a＋b＝2a$$

両辺から2bを引くと

$$a－b＝2a－2b$$

a－bをかっこでくくります。

$$（a－b）＝2（a－b）$$

両辺を（a－b）で割ります。すると、

$$1＝2$$

A. 両辺を(a−b)で割るところ

有名なパラドックスです。

最初の条件、 b＝aがカギです。

  b＝a

  0＝a−b

割り算は、 0で割ってはいけない原則があります。

そのため、「両辺を（a−b）で割る」と等式が成り立たなくなります。

大発見だと
思ったんだけどなぁ

1000円で仕入れた商品を2割増しで販売しましたが、その後に2割引きで販売することにしました。割り引き後の値段はいくらでしょうか？

A.960円

２割増しで２割引きしたため、1000円になると思いますよね。
しかし、計算すると答えが違うことがわかります。

1000円の２割増しは次のように計算します。
　　1000×1.2＝1200

その後に２割引きした値段は次のように計算します。
　　1200×0.8＝960
よって、960円になります。

外枠の正方形の面積は、円の中にある正方形の面積の何倍でしょうか?

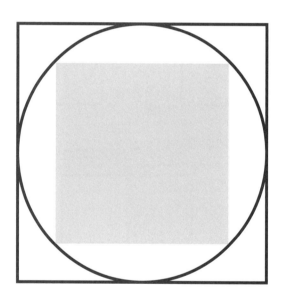

A. 2倍

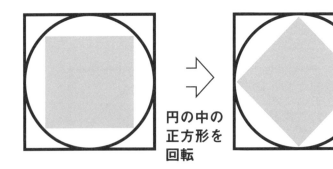

円の中の
正方形を
回転

三角形は同じ面積

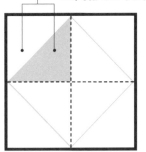

それぞれ2倍の面積になるため、外枠の正方形の面積は
内枠の正方形の面積の2倍だとわかります。

500円の商品を「２割増しにしたあと２割引きした場合」と、「２割引きしたあと２割増しした場合」は、どちらが高くなるでしょうか？

割増しして割引き、
割引きして割引き……。
あれ？

A.同じ

500円の商品を「２割増し（×1.2）に
したあと２割引き（×0.8）した場合」
　500×1.2×0.8＝480

「２割引き（×0.8）したあと２割増し
（×1.2）した場合」
　500×0.8×1.2＝480

並べたときにすき間なくしき詰められる
図形を選びなさい。

【　正三角形　　正方形　　】
【　正五角形　　正六角形　】

A. 正三角形、正方形、正六角形

正三角形をしき詰めると…

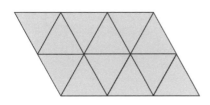

正方形をしき詰めると…

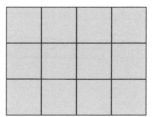

正五角形をしき詰めると…

正六角形をしき詰めると…

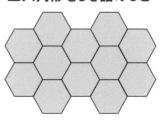

正三角形、正方形、正六角形のようにしき詰められる図形を「平面充填」といいます。

10人で２人のペアをつくって自己紹介をします。自己紹介は全部で何回ありますか？

A.45回

1人は9人と自己紹介しますので、「9＋9＋…＋9＋9」を10人分するのは誤りです。それは、ダブリが出てしまうからです。ダブリが出ずに、効率よく数える方法を考えましょう。

下のように、Aさんが自己紹介するのは9人です。Bさんが自己紹介するのに、Aさんもカウントするとダブリになってしまいますね。BさんはAさん以外の8人と自己紹介する、とすればダブリは回避できます。Cさんは7人、Dさんは6人…としていくと、次の計算がなりたちます。

$$9＋8＋7＋6＋5＋4＋3＋2＋1＝45$$

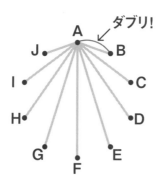

次の計算をして、答えを求めなさい。

$$(x-a)(x-b)$$

$$\cdots(x-z)=\,?$$

Hint!

あることに気がついたら一瞬で解けますよ！

A. 0

$(x-a)(x-b) \cdots (x-z) = ?$
問題の式をよ〜く見てみましょう。

$(x-a)(x-b) \cdots (x-x)(x-y)(x-z) = ?$
…の中には $(x-x)$ が隠れていました。

$(x-x) = 0$
0に何をかけても0になるので、答えは0になります。

3を100回かけた数の1の位の値はいくつでしょうか？

「3×3」は、「3を2回かけた」となります。

Hint!

3

3×3＝9

3×3×3＝27

3×3×3×3＝81

3×3×3×3×3＝243

A. 1

3をかけていくと、1の位がどんな変化をしていくか注目しましょう。すると、

　3→9→7→1→3→9→7→1→3→…

循環しているのです。

3を4回かけた数は「81」で1の位は「1」です。

同じく8回かけた数は「6561」で同じく1の位は「1」です。

これを繰り返していくと100回かけた数も同じく1の位は「1」になります。

ちなみに3を100回かけた数は……
515377520732011331036461129765621272702107522001

1から99までの奇数をすべて
足し合わせるといくつになる
でしょうか?

Hint!

一見、大変そうでも「あるポイント」に気がつけば、一
瞬で解けますよ!

A.2500

1から99までの奇数を

　　1＋3＋5＋…＋95＋97＋99

と、いちいち計算していると大変！
次のように計算の順番を変えて、100のかたまりをつくりましょう。

1 ＋3 ＋5 ＋…＋47＋49
　　　＋99＋97＋95＋…＋53＋51

100のかたまりをつくって計算！！

1	+	3	+	5	+…+	47	+	49
+ 99	+	97	+	95	+…+	53	+	51

＝100 ＋100 ＋100 ＋…＋ 100 ＋100（←100が25こ）
＝100×25
＝2500

　1km離れたところに住んでいる数学のお兄さんとかめますが中間地点で遊ぶ約束をしました。時速5kmで2人が合流するために向かっています。そこで、時速10kmでかずとがその2人の間を往復し続けます。かずとは2人が合流するまでにどれだけ移動したでしょうか？

A. 1km

数学のお兄さんとかめますは、2人で時速5kmで近づいているので、2人の距離は時速10kmの速さで縮んでいることになります。

一方のかずとも時速10kmで往復しています。

つまり、2人が近づく合計の距離と、かずとが進む距離は同じです。

2人分、1人で走ったぞ〜

Question
35

九九表にある九九の答えをすべて足すといくつになるでしょうか?

	1	2	3	4	5	6	7	8	9
1	1	2	3	4	5	6	7	8	9
2	2	4	6	8	10	12	14	16	18
3	3	6	9	12	15	18	21	24	27
4	4	8	12	16	20	24	28	32	36
5	5	10	15	20	25	30	35	40	45
6	6	12	18	24	30	36	42	48	54
7	7	14	21	28	35	42	49	56	63
8	8	16	24	32	40	48	56	64	72
9	9	18	27	36	45	54	63	72	81

Hint!

一見、めんどくさそうな計算でも、解きながらかんたんな解き方がひらめくことがあります。この問題も同じです。考えてみましょう!

A.2025

1の段の合計は、次のような計算になりますね。

　1×1＋1×2＋1×3＋1×4＋1×5＋1×6＋1×7＋
　1×8＋1×9

これを1でくくると次のような計算式になります。

　1×（1＋2＋3＋4＋5＋6＋7＋8＋9）

2の段、3の段、…9の段も同じように式を立てられます。
また、［1＋2＋3＋4＋5＋6＋7＋8＋9＝45］である
ため、次のようになります。

　2の段：2×45　　3の段：3×45　　4の段：4×45
　5の段：5×45　　6の段：6×45　　7の段：7×45
　8の段：8×45　　9の段：9×45

1〜9の段の合計です。

　1×45＋2×45＋3×45＋4×45＋5×45＋6×45＋
　7×45＋8×45＋9×45

これを45でくくって計算しましょう。

　45×（1＋2＋3＋4＋5＋6＋7＋8＋9）
　＝45×45＝2025

1学年110人の生徒がいます。女の子は男の子より100人多いです。男の子と女の子の人数はそれぞれ何人でしょうか？

A. 女の子が105人、男の子が5人

直感で答えると「女の子が100人、男の子が10人」と考えてしまいます。すると、110人の生徒数なので「女の子は男の子より90人多い」となるので間違いです。
式を使って求めてみましょう。

女の子の人数をx人。男の子の人数をy人とします。1学年110人なので、次のような式ができます。

$x+y=110$…①

次に、女の子が男の子より100人多いので、次のような式になります。

$x=y+100$…②

②の式を①の式に代入して、計算しましょう。

$(y+100)+y=110$

$2y=10$

$y=5$

男の子の人数が5人なので、それより100人多い女の子の人数は105人です。

畳6枚を使って四角形になるように並べます。畳の並べ方は何通りあるでしょうか?

ただし、6枚とも次のような畳を使うものとします。また、裏返しや回転して同じになる並べ方はカウントしません。

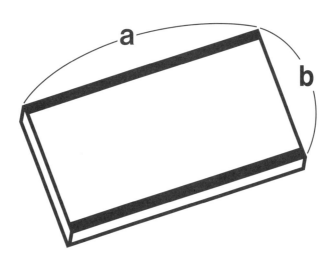

a : b = 2 : 1

A.15通り

パターン❶ 5通り

パターン❷ 9通り

パターン❸ 1通り

次の八面体の色がついている面と向かい合う面はどれでしょうか？

「向かい合う面」とは、ある面を下にしたとき、真上に来る面のことをさします。

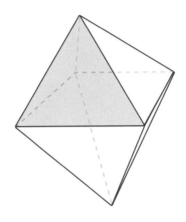

Hint!

展開図

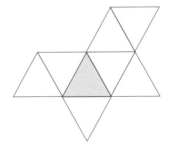

A.

向かい合う面は、色つきの面と辺や角が接しない面です。

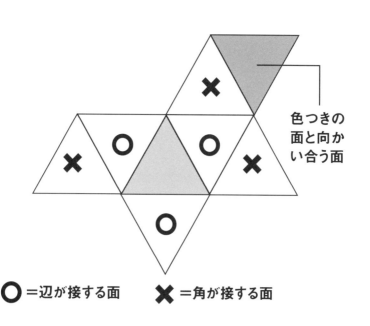

色つきの
面と向か
い合う面

⭕＝辺が接する面　　❌＝角が接する面

三角形にならないのは、①〜③のうちどれでしょうか？

① A＝3cm、B＝3cm、C＝5cm
② A＝2cm、B＝8cm、C＝6cm
③ A＝4cm、B＝5cm、C＝6cm

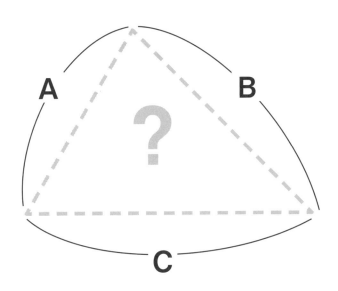

② A＝2cm
B＝8cm
A.　　　　C＝6cm

　2、8、6cmが3辺の三角形を作ろ
うとすると、一本の線になってしまい
ます。ほかの2辺の和がもう1つの辺
以下の長さだと三角形をつくれません。

正方形を5枚並べて、何種類の図形ができるでしょうか?

ただし、正方形の辺どうしをぴったりくっつける形で並べるものとします。また、図形を回転したり反転させても、図形の形は変わらないので種類にカウントされません。

A.12種類

それぞれアルファベットの何かに見えるようになっている、かも?

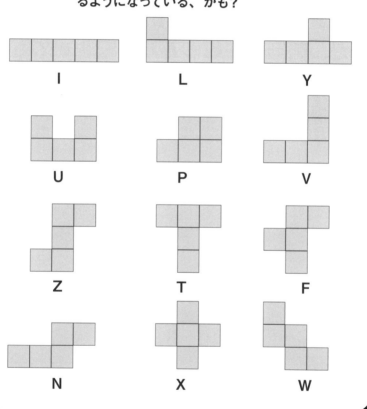

今日はキャンプに行く日です。車でキャンプ場に行こうと思いましたが、まっすぐに行くルートが2か所工事中でした。また、ガソリンが往復するのにギリギリです。2つのルートがあるのですが、どちらも半円をえがくルートです。そこで、かずとは「遠回りだからガソリンスタンドに寄らなくていい」と言います。かめますは「距離が同じだから寄ったほうがいいんじゃない?」と言います。

かずととかめます、正しいのはどちらでしょうか?

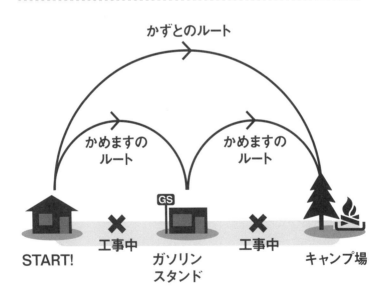

A. かめます

スタート地点から、ガソリンスタンドまでの距離を5kmとして考えてみましょう。
かずとのルートは、直径10kmの半円なので、
[円周の長さ＝直径×円周率] で求めましょう。

$10 × π ÷ 2 = 5π$

かめますのルートは、直径5kmの半円が2つです。

$5 × π ÷ 2 × 2 = 5π$

よって、かずととかめますどちらのルートも
距離は同じです。

Question
42

地球は、時速約何kmで自転しているでしょうか？　次の
ルールから求めてみましょう。

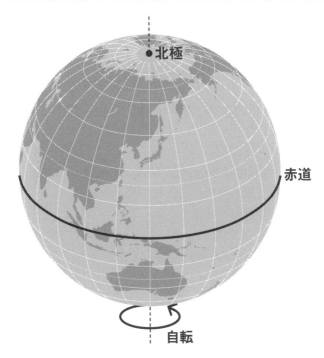

●北極

赤道

自転

ルール1　1mは地球の北極から赤道までの距離を
　　　　　1000万分の1として生まれました。

ルール2　地球を球として考えます。

ルール3　速さ＝道のり÷時間

A.約1667km

ルール1より、北極から赤道までの距離が1000万m（＝1万km）だとわかります。つまり、1周は4をかけて4万kmですね。

次に、ルール2より、地球は球なので赤道の1周の距離も4万kmです。

最後に、地球は4万kmを24時間で一周することから、ルール3より、速さを求めることができます。
　　40000÷24＝1666.6…

　　よって、時速約1667kmが答えです。

今日は、8月13日。月と日の数の各けたを合わせた数は、8＋1＋3で12になります。

この数が、一番小さい数になる日付は1月1日（数学のお兄さんの誕生日）。

では、一番大きい数になる日付は何月何日でしょうか？

A.9月29日

パッと考えると、12月31日と答えたくなりませんか？　でも足し合わせると8になります。

1＋2＋3＋1＝8

一番大きい月は9、一番大きい日付は29で、合計は20になります。

9＋2＋9＝20

いつも誕生日のお祝いと新年のお祝いが一緒です

破れたページが1枚ある絵本があります。

そのページ以外のページ番号をたし算すると、442になりました。

破れたページはいくつでしょうか?

Hint!

「1から29までの和は435」「1から30までの和は465」「1から31までの和は496」です。

破れた1ページは、表と裏にページ数がありますよ。

A. 11と12ページが 書いてあるページ

破れた絵本のページ数の合計は442なので、破れたページを合わせると、*Hint!*から465になるとわかります。

次に、1〜30のどのページが破れたのか考えましょう。465ページと442ページの差は23です。どうやら、破れた1ページの表と裏の合計が23になるページのようです。合計が23になって、さらに、連続した数を探しましょう。

　11+12＝23

よって、答えは、11ページと12ページが書かれたページです。

Level 3

360°を
超えた視点で解く!

アイデア力
クイズ

続いて「アイデア力」がキーワードとなる数学クイズに取り組んでもらいます。論理力に加えて、「ちょっと飛んだ（一風変わった）発想」が必要になります。そういわれてちょっと苦手意識をもたれる方もいるかもしれません。そんな人ほど、ぜひ取り組んでください。アイデア力は身につけることができるのです。まずは、丁寧に問題と向き合うこと。すると、問題の「ぬけ穴」がひらめくかもしれません。さまざまな視点で考えたり、試行錯誤したりしてみましょう。

コインが6枚、図のように机に置いてあります。かずと
から見て3枚、かめますから見て4枚コインが並んでい
ます。

1枚だけ動かして、かずと、かめますどちらから見ても
コインが4枚ずつになるようにしましょう。

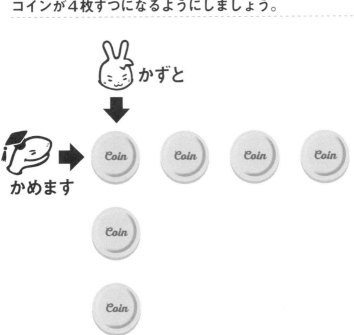

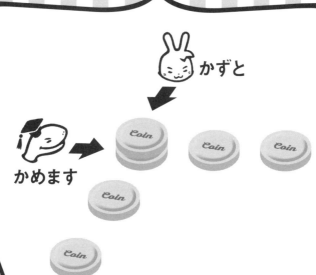

かずと

かめます

A.

かめますから見た４枚目のコインを動かします。そのコインをかずととかめますから一番近いコインに重ね２枚にします。すると、かずととかめますどちらから見ても４枚になりますね。

4人でおせんべいを食べます。数学のお兄さんは一番端に座ったのですが、おせんべいは次のように1、2、3、4枚と並んでいます。4枚食べたいけど、どうしたらいいか考えます。おせんべいを1枚だけ動かして、4、3、2、1枚になるように並べ変えなさい。

A. 4枚並んでいるおせんべいの右から2番目を動かします。そのおせんべいを1枚、2枚並んでいるおせんべいの間に置くと、4枚、3枚、2枚、1枚の並びになります

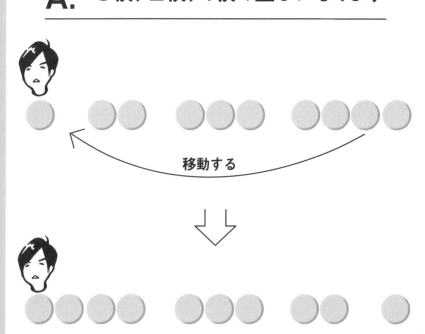

移動する

次の計算を解いてみましょう。

$$\frac{1}{2} + \frac{1}{4} + \frac{1}{8}$$

$$+ \frac{1}{16} + \frac{1}{32} =$$

Hint!

もちろん、ひとつずつ通分して答えは出ますが、いろいろな解き方がありますよ

$$\frac{31}{32}$$

A.

解き方を2例、紹介します。

$\frac{1}{32}+\frac{1}{32}=\frac{2}{32}=\frac{1}{16}$ ……これを利用しましょう。

$\frac{1}{16}+\frac{1}{16}=\frac{2}{16}=\frac{1}{8}$

$\frac{1}{2}+\frac{1}{4}+\frac{1}{8}+\frac{1}{16}+\frac{1}{32}$

$=\frac{1}{2}+\frac{1}{4}+\frac{1}{8}+\frac{1}{16}+\frac{1}{32}+(\frac{1}{32}-\frac{1}{32})$

$=\frac{1}{2}+\frac{1}{4}+\frac{1}{8}+\frac{1}{16}+\frac{1}{16}-\frac{1}{32}$

$=\frac{1}{2}+\frac{1}{4}+\frac{1}{8}+\frac{1}{8}-\frac{1}{32}$

$=\frac{1}{2}+\frac{1}{4}+\frac{1}{4}-\frac{1}{32}$

$=\frac{1}{2}+\frac{1}{2}-\frac{1}{32}$

$=1-\frac{1}{32}$

$=\frac{31}{32}$

他には、視覚的に解く方法です。

$1-\frac{1}{32}=\frac{31}{32}$

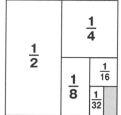

今日は1月1日、数学のお兄さんの誕生日！ 8人でケーキを食べようと思います。そこで考えます。

3回ナイフを入れて丸いケーキを8等分してください。ただし、ケーキにのっているいちごやクリームは無視するものとします。

A.

上から見て円のタテとヨコに切ると、4等分。

さらに、側面から輪切りにすると、8等分になります。

ただし、みんな上側の部分が食べたくなるようでした。切り分けたケーキのサイズは同じでも、気持ちでは公平ではないかもしれませんね。

かずととかめますは、今日、バスで数学のお兄さんの算数・数学教室に行く予定です。向こうに見えるあのバスは、AとB、どちらに進むでしょうか？

Hint!

小学生が解く問題です。頭をやわらかくして考えましょう。

A.B

バスの乗降口は、進行方向の左側についています。問題の図には、乗降口が見えません。よって、バスはBの向きに進むとわかるのです。

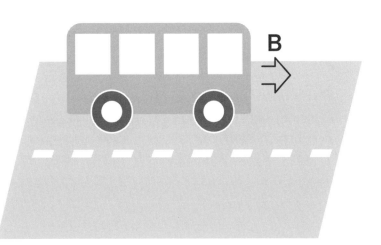

かめますは、正方形の形をしたチョコを5つ作りました。
どれも同じ大きさです。これを重ならないようにして、
できるだけ小さい正方形の箱に入れるためにはどのよう
にしき詰めればよいでしょうか?

A.

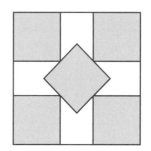

ちなみに、これが証明されたのは1979年。このようなしき詰め問題への取り組みや解明されているのは比較的、最近です。

正方形11こ、54このしき詰めは、証明されていませんが、現在、下が有力です。このように、しき詰め問題は、未解決の数学分野の1つです。

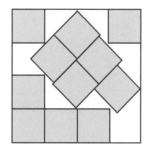

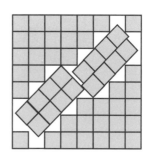

丸いホットケーキを上からまっすぐに1回切ります。すると、2つに分かれました。次に、丸いホットケーキを2回切ると4つに分かれました。

同じようにして、丸いホットケーキをできるかぎり多くに切り分けたいと思います。4回、上からまっすぐに切り分けたとき、最大いくつに切り分けることができるでしょうか？

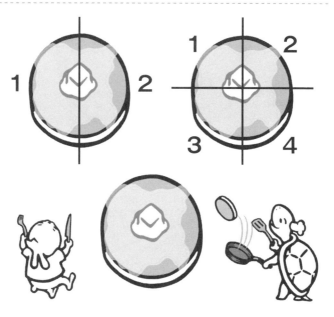

A.11

1回

2回

3回

4回

11 1

10 2 4

3

7 5

9

8 6

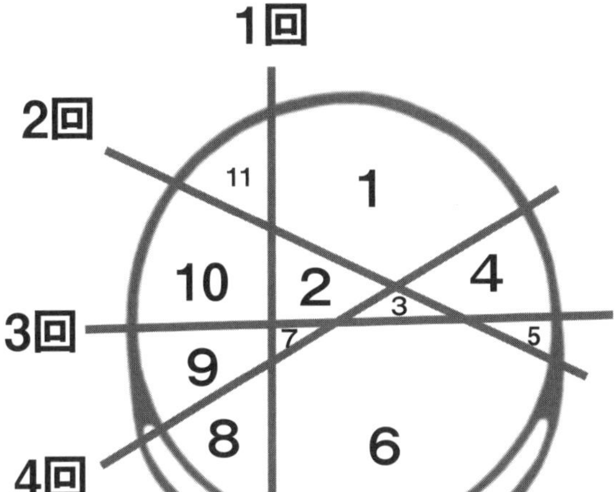

式にある５つのローマ字に、５から９までの数を１つずつ入れて、式を完成させましょう。a＜bとします。答えは３通りあります。

a × b ＋ c ＝ d e

$$6×8＋9＝57$$
$$7×8＋9＝65$$
$$A. 7×9＋5＝68$$

この問題も、数字を当てはめていけばいつか正解にたどりつけます。効率のいい見つけ方を探しましょう。

まず、deに注目します。5〜9でつくれる2ケタの数は、最小で56、最大で98ですね。

次に、a、b、cにあてはめてdeが最大になる数を考えましょう。

$$8×9＋7＝79$$

よって、deは最小で56、最大で79だとわかりました。

さらに、問題の数式を変形すると、次のようになります。

$$a×b＝de−c$$

これによって、[a×b]の答えが最小で47、最大で74。そのうちで[a×b]にあてはまる組み合わせが次の通りです。

$$6×8＝48 \quad 7×7＝49 \quad 6×9＝54$$
$$7×8＝56 \quad 7×9＝63 \quad 8×9＝72$$

[7×7]を除いた、上の5通りをa、bにあてはめて計算すると、答えが見つかります。

次の図は、タテとヨコの点と点の間隔が1cmになっています。これを使って、5cm²の正方形をかいてみましょう。

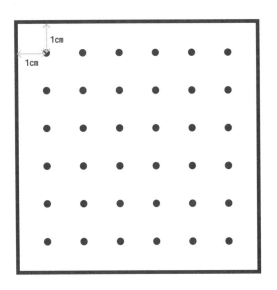

Hint!

√（ルート）がわからなくても、解けますよ！

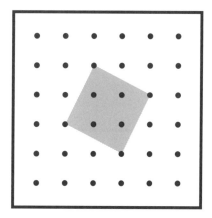

A.

1cm×1cmの正方形（1cm²）を十字になるように5つ作りましょう。

次に、正方形になるように点を結ぶと、欠けた三角形と同じ面積の三角形ができるので、5cm²の正方形ができます。

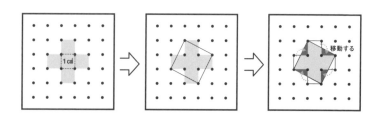

かずととかめますは、2つのコースを2つの同じ速さの
ミニカーで走らせる勝負をします。
「直径22mの円の半周のAコース」と「まん中のいくつ
かの円の半周ずつの和のBコース」、勝負の行方はどう
なったでしょうか?

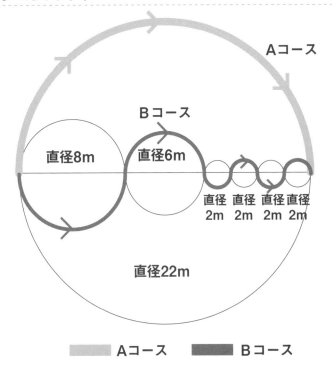

直径8m　直径6m　直径2m　直径2m　直径2m　直径2m

Aコース　　Bコース

A.引き分け

Aコース、Bコースどちらも長さは同じです。
［円周の長さ＝直径×円周率］で確かめてみましょう。

Aコースの長さを求めてみます。

$22×π÷2＝11π$ （m）

Bコースの長さを求めます。

$（8×π÷2）＋（6×π÷2）＋$
$　　　　　（2×π÷2）×4$
$　＝4π＋3π＋4π$
$　＝11π$ （m）

火をつけると1時間で燃え尽きる縄が2本あります。また、1か所に火をつけると消えてしまうマッチが4本あります。

この縄とマッチを全部使い切って45分を計るにはどうすればよいでしょうか？

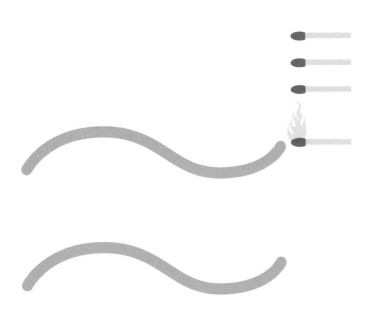

A. 片方の縄には両端を点火して、もう1本の縄には片方だけ点火。両端に点火した縄が燃え尽きたと同時に、もう1本の縄の燃えていない片側に点火して、燃え尽きた時間が45分

片方の縄

両端に点火すると30分で燃え尽きる

もう片方の縄

30分で
燃える範囲

⇩

もう片方の縄

残った部分の両端に点火すると15分で燃え尽きる

Question 56

5×5マスのチェス盤があります。タテ・ヨコ・ナナメに移動できる「クイーン」5つが、ぶつからないようにするためには、どのように配置すればよいでしょうか。

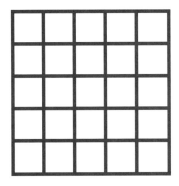

Hint!

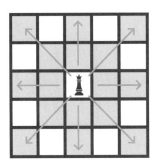

A.

2種類、3種類のベン図は次のように描けますが、4種類のベン図はどのように描けるでしょうか？

2種類のベン図

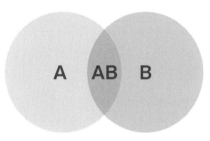

3種類のベン図

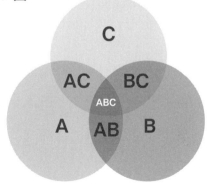

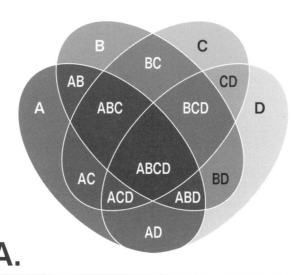

A. _____

101 〜 199％で拡大ができるコピー機があります。このコピー機を2回使って、200％拡大するにはどのようにすればよいでしょうか？

Hint!

1回で200％に拡大コピーできないから……

A. 125％で1回拡大コピーをして、160％で拡大コピーをする

125％（1.25倍）拡大をして、160％（1.6倍）拡大をすると、200％（2倍）になります。

　　1.25×1.6＝2

もちろん、160％拡大してから125％拡大しても正解です。

正四面体、正六面体、正八面体、正十二面体、正二十面体の辺の長さを同じにしたとき、一番体積が大きくなるのはどれでしょう？

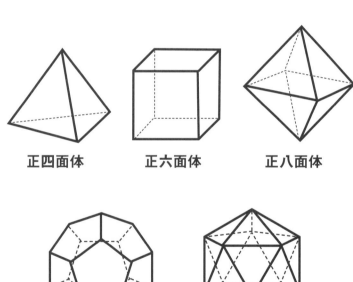

正四面体　　　正六面体　　　正八面体

正十二面体　　　正二十面体

A. 正十二面体

多面体の1辺の長さをそれぞれ同じにしたとき、次のようになります。正十二面体が一番大きくなることがわかります。

正四面体

正六面体

正八面体

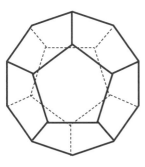

正十二面体

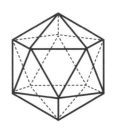

正二十面体

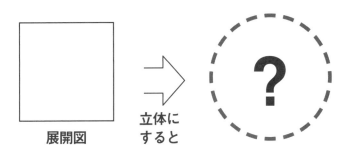

小学生が中学受験で解くような問題です！
展開図が正方形になる立体はどんな立体でしょうか？

展開図

立体に
すると

?

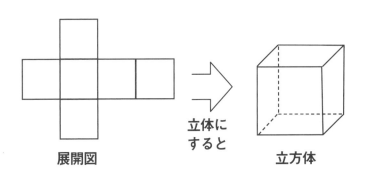

展開図

立体に
すると

立方体

A. 三角錐

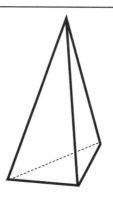

正方形が展開図で、できる立体は、
次の図のようになります。

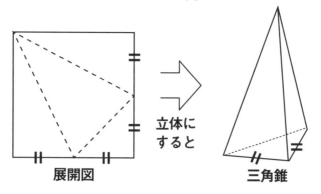

展開図　　立体に
　　　　　すると　　　三角錐

ティッシュ箱の対角線の長さを測りたい。定規をどのように使えばよいでしょうか？

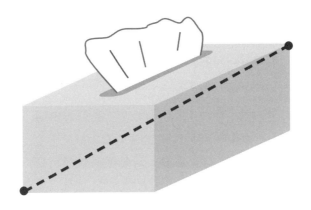

図のように最初の地点に目印2つをつけて、ティッシュ箱を移動させた後に目印と角を定規で測る。

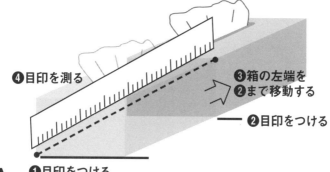

❹目印を測る

❸箱の左端を❷まで移動する

—— ❷目印をつける

A. ❶目印をつける

中身が入っているティッシュ箱の対角線を直接測ることはできませんよね。そこで、発想の転換！ 対角線の位置に目印をつければいい、と考えましょう。

子どもがたくさんいる大企業の社長が亡くなりました。遺書には、財産は金塊で相続すると書かれていました。

長男は32kgの金塊。次男はその半分の量の16kgです。三男はさらにその半分の量。四男、五男…と続き、最後の末っ子はその1つ上の兄弟と同じ量である1kgをもらい、金塊が全部渡り切ることができました。

さて、もともと全部で何kgの金塊があったのでしょうか？

A. 64kg

全部で64kg

長男32kg

次男16kg

三男
8kg

四男
4kg

五男
2kg

末っ子の1つ上の兄、末っ子
各1kg

次の空欄に１、２、３、４を入れて、答えが最も大きい値になるようにしなさい。

$$\square\square \times \square\square = ?$$

A. 32×41

答えは、1312になり、最も大きい数
になります。

最も大きい数にするため、10の位の
数字を大きくします。
　3□×4□＝?

2は、かけたら大きくなる数になるよ
うに配置します。つまり、2に3をか
けるよりも4をかけるほうが大きくなる
ので、31×42ではなく、32×41にな
ります。

イメージして考えましょう！

縦・横・高さ3こずつ積み木が並んでいます。

Q1 一番多く見える角度から見たとき、何この積み木が見えるでしょうか？

Q2 Q1のとき、見えていない積み木は何こでしょうか？

①19こ
A. ②8こ

①

②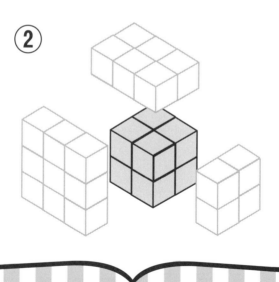

円の8個の点から3つの点を使って、円の中に三角形を作ります。何種類の三角形ができるでしょうか？

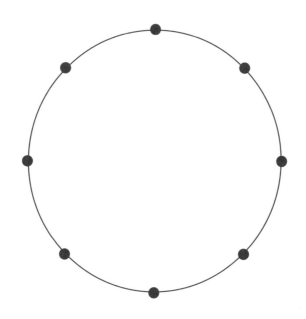

A. 5種類

（1・1・6）（1・2・5）（1・3・4）（2・2・4）（2・3・3）の5種類のみ。それを形で考えると図のとおりです。

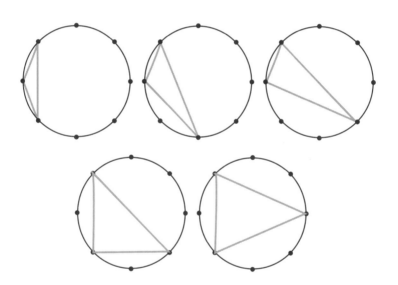

次の方眼紙に描かれている図形に1本の直線を引いて、同じ面積の図形2つに分けなさい。ただし、面積を分ける直線は点Aを通らなければなりません。

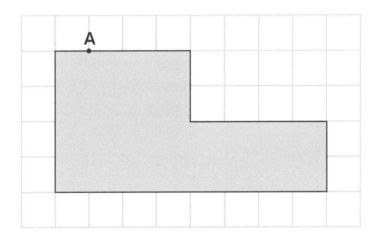

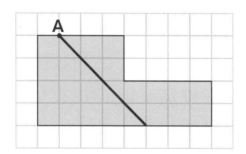

A.

四角形を上下の2つの四角形に分けます。

次に、「四角形の中心点を通る直線は、四角形の面積を半分にする」ことを利用して、その四角形の面積を半分にします。四角形の中心は対角線を結び、その交点が中心点になります。

上下の2つの中心点を結ぶ直線を引けば、四角形の面積が半分ずつとれ、もとの図形の面積も半分ずつになるのです。

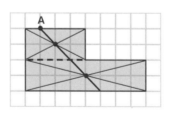

考えて考えて
考え抜く！

思考体力
クイズ

問題の種類のなかには「解くためのとっかかりが、隠れていてなかなか見つからない」問題もあります。また、「効率よく解く方法が見つからない」こともあります。そのときはあせらずじっくりと問題と向き合い続けると、キラリ！ と答えが見えてくることがあるのです。それまでなにも工夫しなくていいかというとそんなことはありません。着実に、1つひとつ考えて、抜けやもれがないように注意深く考えながら解いていく必要があるのです。さあ、ぜひ考え抜いてみましょう。

かずととかめますが「くみかえスゴロク」をやって勝負をしました。1回でゴールするには、出た目をどのように並べかえたらよいでしょうか?

Q1

START		1マス戻る	2マス進む		GOAL

出た目 ● / ⁝

Q2

START		1マス進む		3マス進む		5マス戻る

| | | | | | GOAL | 1マス戻る |

出た目 ● ⁝ ⁝ ⁞⁞

ルール1 連続でサイコロを振ります。
出た目の順番を並べかえて OK

ルール2 サイコロの目を全部使い切る必要があります

ルール3 ぴったりゴールしなくてはなりません
（例えば残り2マスで3が出ても
ゴールではありません）

Q1

Q2

A.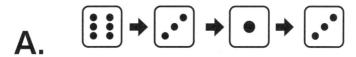

出ている目を1つずつ当てはめて答えても問題ないのですが、数学っぽく計算して求めてみましょう。

まずは、問題をよく読み込みます。スタートからゴールまでのマスを数えます。次にサイコロの目の合計を数えます。そこから、盤面の「進む」「戻る」を利用するようにしましょう。

Q1では、スタートからゴールまで5マスです。サイコロの目の合計は6なので、1マス分あふれてしまいます。「1マス戻る」を利用しましょう。そのため、まずは「2」が最初になります。次は「3」「1」の順番ですね。

Q2は、マスが10、サイコロの目の合計は13です。「5マス戻る」「1マス戻る」「3マス進む」を組み合わせる必要がありそうだとわかります。初めに「6」で「5マス戻る」となり、次に「3」で「3マス進む」を組み合わせます。「1マス戻る」ために「1」として、最後に「3」でゴールです！

数学のお兄さんとかめますは、インドカレー屋のカレーを食べたいと思いました。はかりなどない状況で、1つのカレーを数学のお兄さんとかめます2人が納得する形で半分こにしたい。どのようにして分ければよいでしょうか?

A. まずは、分ける人、選ぶ人を決めます。分ける人を数学のお兄さんとします。数学のお兄さんが納得のいくように2つに分けます。次に、かめますがどちらがいいかを選びます

数学のお兄さんは、分ける主導権があります。Bさんは、分けられたカレーを先に選ぶ主導権があります。

気持ちの上では、どちらも納得して半分こできるのです。

ある４ケタの数があります。それぞれの位の数を「大きい順に並べた数字」から「小さい順に並べた数字」を引いて出た数は、６の倍数と９の倍数、どちらになるでしょうか？

A. 9の倍数

4つの数字を、a、b、c、d（a>b>c>d）とするとき、大きい順に並べた4ケタの数は［1000a+100b+10c+d］で表せられます。

次に、小さい順に並べた数は、［1000d+100c+10b+a］で表せられます。大きい順に並べた4ケタの数から小さい順に並べた4ケタの数を引くと次のようになります。

（1000a+100b+10c+d）－（1000d+100c+10b+a）
＝999a+90b－90c－999d
＝9（111a+10b－10c－111d）

よって、大きい順に並べた数から小さい順に並べた数を引くと、9の倍数になります。

1日に時計の長針と短針は
何回重なるでしょうか？

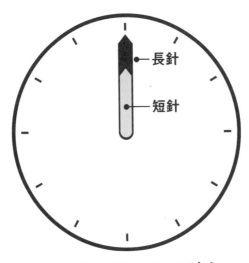

1日を0：00 ～ 23：59とし、
最初の0：00を1回としてカウントします。

Hint!

答えは、24回ではありませんよ

A.22回

0：00で長針と短針が重なってスタートです。

1時5分過ぎに、2回目に重なります。長針が1時間に
1回は回転するので、答えは24回と考えますが、実は、
そうではありません。11時がカギだったのです。

11時から12時は重なりません。半日で1回、1日で2回
重ならないため、答えは22回が正解です。

11：55 重ならない

12：00 重なる

長針と短針が重なるおよその時刻　一覧

0時00分00秒	1時5分27秒	2時10分55秒
3時16分22秒	4時21分49秒	5時27分16秒
6時32分44秒	7時38分11秒	8時43分38秒
9時49分5秒	10時54分33秒	

次の計算をしましょう。
コツをつかむとスッキリした答えを導けますよ！

$$\left(1-\frac{1}{2}\right)\left(1-\frac{1}{3}\right)\left(1-\frac{1}{4}\right)$$
$$\cdots\left(1-\frac{1}{99}\right)\left(1-\frac{1}{100}\right)=?$$

大変だと思ったけど、
取りかかってみると
かんたんにできた！

A. $\dfrac{1}{100}$

$$\left(1 - \tfrac{1}{2}\right)\left(1 - \tfrac{1}{3}\right)\left(1 - \tfrac{1}{4}\right)\cdots$$
$$\cdots \left(1 - \tfrac{1}{99}\right)\left(1 - \tfrac{1}{100}\right)$$

$$= \tfrac{1}{2} \times \tfrac{2}{3} \times \tfrac{3}{4} \times \tfrac{4}{5} \times \cdots \times \tfrac{98}{99} \times \tfrac{99}{100}$$

$$= \tfrac{1}{\cancel{2}} \times \tfrac{\cancel{2}}{\cancel{3}} \times \tfrac{\cancel{3}}{\cancel{4}} \times \tfrac{\cancel{4}}{\cancel{5}} \times \cdots \times \tfrac{\cancel{98}}{\cancel{99}} \times \tfrac{\cancel{99}}{100}$$

$$= \tfrac{1}{100}$$

立方体の展開図は11通りあります。立方体が作れない
展開図は次のうち1つだけあります。どれでしょうか？

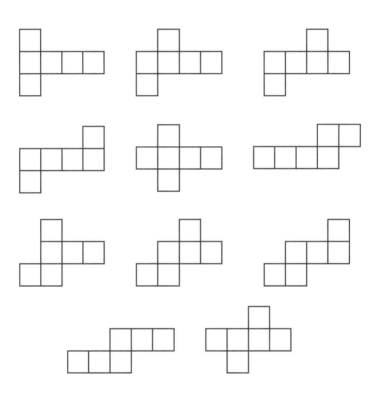

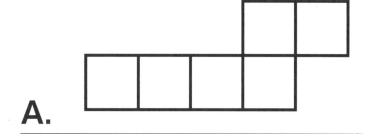

A.

組み立てると、次のようになり立方体が作れません。

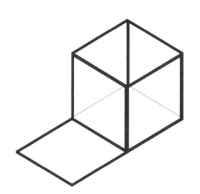

今年も来年もうるう年ではないとします。

今日は木曜日です。来年の今日は何曜日でしょうか？

1年は365日で、
一週間は7日。
だから……

A.金曜日

1年は365日。1週間で曜日が1周りするので、7で割ってみましょう。

365÷7＝52…あまり1

1年は52週あって、曜日が1日ズレます。
よって、うるう年でないならば、来年の今日の曜日は1日分ズレることになります。

□に１〜９を１つずつ入れて、計算式を完成させましょう

$$\boxed{} - \boxed{} = \boxed{}$$

$$\times$$

$$\boxed{} \div \boxed{} = \boxed{}$$

$$=$$

$$\boxed{} + \boxed{} = \boxed{}$$

$$\boxed{9} - \boxed{5} = \boxed{4}$$
$$\times$$
$$\boxed{6} \div \boxed{3} = \boxed{2}$$
$$=$$
A. $\boxed{7} + \boxed{1} = \boxed{8}$

割り算に注目しましょう。 1〜9の数字を1つずつ使うので「答えは割り切れる数」「同じ数字を使わない」ことがわかります。すると、以下の計算しかありません。

①8÷4＝2　　②8÷2＝4　　③6÷3＝2

次に、タテのかけ算に注目しましょう。
②を入れると、タテの式は4のかけ算になります。しかし、［1×4＝4］（4が重複）、［2×4＝8］（8が重複）になります。よって、②はあてはまらなそうですね。

①を入れると、タテの式は2のかけ算になります。かけ算は、［1×2＝2］（2が重複）、［3×2＝6］、［4×2＝8］（4も8も重複）ですので、［3×2＝6］を入れてみましょう。
足し算の式に入る数字は、残り、［1、5、7、9］のうち、［1＋5＝6］があてはまりますね。しかし、引き算の式、［9−7＝3］になり、あてはまりません。

よって、わり算は、③の式があてはまります。

次の計算をすると、1の位の数はいくつになるでしょうか？

Q1 1から99までを
かけ算

Q2 1から99までの
奇数をかけ算

Q10
A. Q25

問題文は「1から99までのかけ算」ですが、全部計算しなくても答えは出ます。

Q1は、1〜99のかけ算なので、×10が必ず入ります。すると、1の位は0になるのです。

Q2は、奇数に5をかけ算すると、1の位は必ず5になります。

1〜9の奇数のかけ算で確かめてみましょう。

$1×3×5×7×9 = 3×5×7×9$ （←1×3を計算）

$= 15×7×9$ （←3×5を計算）

$= 105×9$ （←15×7を計算）

$= 945$

5をかけ算してからずっと1の位は5だとわかります。これ以降もずっとそうなります。

45×45=2025を利用して、次の空欄にあてはまる２ケタの数を見つけましょう。

【 2021= □×□ 】

Hint!

例えば［100×100］と［102×98］を図形にしてよく見比べてみましょう。

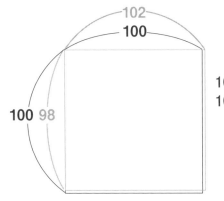

100×100＝10000
102×98＝9996

A.2021＝43×47

Hint! の図形を詳しく見てみましょう。

［100×100］からはみ出た［102×98］の右部分は［2×98］になっています。［102×98］からはみ出た［100×100］の下部分に、［2×98］と［2×2］ができます。10000と9996の差である4を作ることができました。

同じように［45×45］を使って、2025と2021の差4を作りましょう。すると、おのずと［？×？］の答えがわかるはずです。

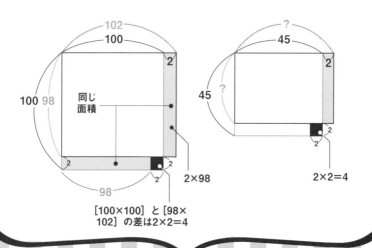

102
100
2
100 98
同じ面積
2
98
2 2
2×98
［100×100］と［98×102］の差は2×2＝4

？
45
2
45 ？
2
2
2×2＝4

5つのサイコロの目の合計が12になっています。このとき、これらの裏側の目の合計はいくつでしょうか？

サイコロの表と裏の
合計は7になるように
できているから……

A. 23

サイコロは表と裏の合計が7になるようにできています。
組み合わせは（1・6）（2・5）（3・4）この3つです。

5つのサイコロの表と裏の合計は35（＝5×7）になります。
いま、5つのサイコロの表の目の合計が12になっているため、裏側の合計は23（＝35−12）になります。

あるチョコレート２つの値段は、そのチョコの値段を半分にしたものに300円を足した金額です。

あるチョコ１つの値段はいくらでしょうか？

A. 200円

問題文を細かく読んでみましょう。「①チョコレート2つの値段」と「②そのチョコの値段を半分にしたものに300円を足した金額」は、同じだとわかります。チョコ1つの値段を、いろいろな値段を入れてみて求めてみましょう。

　100円の場合：①2×100＝200　②100÷2+300＝350

①と②の答えを比べると、チョコの値段の見積もりが低いことがわかります。値段を高くしてみましょう。

　300円の場合：①2×300＝600　②300÷2+300＝450

今度は、チョコの値段の見積もりが高いようです。値段を低くしてみましょう。

　200円の場合：①2×200＝400　②200÷2+300＝400

正解が求められました。値段をXとして方程式でも解けます。

$2X = \frac{1}{2}X + 300$　　（両辺を2倍しよう）

$4X = X + 600$　　（左辺をXにまとめよう）

$3X = 600$　　（両辺を3で割ろう）

$X = 200$

空いているマスが5つあります。0〜4の5つの数をひとつずつ入れて、式が成り立つようにしましょう。

$$\boxed{}+8-9\times\boxed{}=2$$

$$\boxed{}+6-5\times\boxed{}=\boxed{}$$

$$\boxed{3}+8-9\times\boxed{1}=2$$

A. $$\boxed{4}+6-5\times\boxed{2}=\boxed{0}$$

この手の問題は、代入して計算しているうちに効率のよい求め方が分かってきます。読んですぐにあきらめることなく、挑戦してみましょう。

問題文にヒントが隠れていないか探します。数字が入っている1つ目の式から解いていくことにしましょう。

1の式は「8」と何かを足した数から、「9」と何かをかけた数を引くと答えが「2」になりますね。

「9」にかけ算をすると大きい数になるので、「9」とのかけ算の数から考えましょう。

$9×0=0$　　$9×1=9$　　$9×2=18$

「8」に加えて最大の数が4（8＋4＝12）なので、3以上は当てはまりません。また、9×0とすると答えが2にならないので、これも違いますね。よって、9×1が当てはまります。

$□+8-9×1=2$

計算すると、3があてはまります。

次に、0、2、4を使って、[$□+6-5×□=□$] を考えましょう。

かけ算に0を入れると、答えを6以上にしなければなりません。また、4を入れると、[$5×4=20$] になり大きな数になるので、2が入ります。あとは、[$□+6-5×2=□$] に、4と0を入れて完成です。

この図形、一番少ない色数で、何色あればぬり分けることができるでしょうか？　ただし、隣り合うマスは違う色で塗る必要があります。

A. 4色

□のマスの中に1〜9を1つずつ入れて、
「Q1 答えが最も大きくなるときの数」
「Q2 最も小さくなるときの数」
を答えなさい。

$$
\begin{array}{c}
\ \ \square\ \square\ \square \\
+\ \square\ \square\ \square \\
\hline
\ \ \square\ \square\ \square
\end{array}
$$

Q 1 981
A. # Q 2 459

Q1 例)

6	5	7

+

3	2	4

9	8	1

Q2 例)

1	7	3

+

2	8	6

4	5	9

Question 82

D−Eにゴールがあります。A〜Cの地点からシュートしたとき、ゴールへの角度が一番広く、入りやすい位置はどれでしょうか？

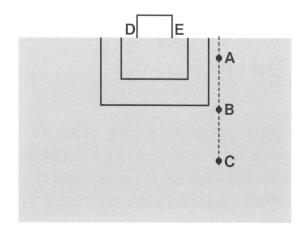

Hint!

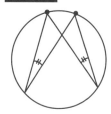

円周上の2点と、それを結ぶ円周上のもう1点がつくる角度はどこもおなじです（「円周角の定理」）。では、その円が大きいと…？

A. B

2点を通る2つの円とそれぞ
れの円周上にAとA'がありま
す。円が小さいほど角度が
大きいことがわかります。

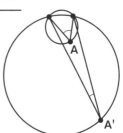

ゴールの点D−Eを通る円をかきます。そのときに、A〜
Cのそれぞれの点が通る円をかいたとき、点Bを通ったと
きの円が一番小さくなります。よって、DBEがつくる角
度が一番大きくなるため、一番、シュートしやすい位置
になります。

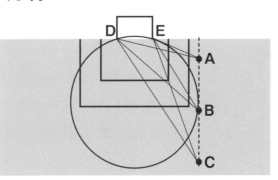

次のQ1とQ2に当てはまる
数（自然数）を答えなさい。

Q1 足してもかけても
　　同じになる数は？
　　○＋○＝○×○

Q2 足してもかけても
　　同じになる3つの数の
　　組み合わせは？
　　△＋□＋◇＝△×□×◇

Q1 2
Q2 1、2、3の
A.　組み合わせ

①に2を当てはめてみましょう。

2＋2＝2×2＝4

②に3、2、1を当てはめてみましょう。

1＋2＋3＝1×2×3＝6

どちらも、かけ算は大きい数になるので、答えより大きい数の組み合わせは存在しないことがわかります。

次の文章の空欄に、1～5を1つずつ入れて完成させましょう。

【□月□□日の
　1週間後は
　　□月□日です】

3月25日の
A. 1週間後は4月1日です

1週間前の月日の日が2ケタで、1週間後の月日の日が1ケタです。そのため、月末から月初にかけての文章だとわかります。そこで、【□月2□日】が確定します。
月末と月初で、連続した月を表す文章のため、「1」は月を表す数字にはなりません。また、月末を【□月21日】とすると、1週間後が月初にならないため当てはまりません。よって、月初である【□月1日】になります。

次に、月末は【□月24日】【□月25日】のどちらかになりますが、「4」を置いてしまうと、月を表す数字が、3と5になり、文章が成り立ちません。よって、月末は【□月25日】になり、3と4を並べて完成です。

次の図のように道にそって転がします。GOALの面でサイコロを上からみたときの目の数はいくつでしょうか？

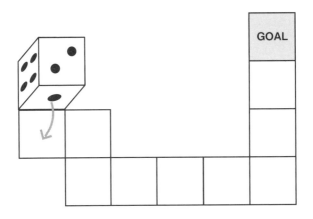

A. 3

サイコロを転がって目が変わる、イメージするのも目が回りそう…。

そこで、イメージしやすいように、右図の★のようにサイコロを上からつぶしたようにしてみましょう。

すると、スタートにあるサイコロは、2が真ん中、左が4、下が1、右が3、上が6、見えない裏は5になります。これを使って転がすのをイメージしましょう。

ポイントは、下に転がすときはサイコロの左右の目は動かない、左右に転がすときはサイコロの上下の目は動かないことです。

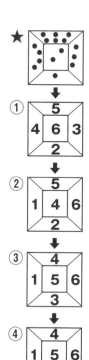

ルール１、２が当てはまる、１から７の２つの数（□と△）の組み合わせを２つ答えなさい。

ルール１　□を△で割ると、割り切れる

ルール２　（□×△）から（□＋△）で割ると、
　　　　　　割り切れる

[□=2、△=2]
[□=4、△=4]
A. [□=6、△=3]

数式を使って解くこともできますが、実は、それよりも1〜7の数字を当てはめて求めるほうがかんたんなんです。問題文をよく読んで、候補を絞り込みましょう。

ルール1より、△よりも□のほうが値が大きいことがわかります。また、ルール2より、△＝1だと、かけ算より足し算のほうが大きい数になるため、割り切れなくなります。その上で、□と△の組み合わせを考えましょう。

[□・△] ⇒ [2・2]	ルール1 ○	ルール2 ○
[□・△] ⇒ [3・3]	ルール1 ○	ルール2 ×
[□・△] ⇒ [4・2]	ルール1 ○	ルール2 ×
[□・△] ⇒ [4・4]	ルール1 ○	ルール2 ○
[□・△] ⇒ [5・5]	ルール1 ○	ルール2 ×
[□・△] ⇒ [6・2]	ルール1 ○	ルール2 ×
[□・△] ⇒ [6・3]	ルール1 ○	ルール2 ○
[□・△] ⇒ [7・7]	ルール1 ○	ルール2 ×

解けたら天才!
問題解決力
クイズ

最後は「問題解決力クイズ」です。かんたんにいうと、総合問題です。

私たちの身の回りには問題があふれています。それを解決するためにどんな考え方をする必要があるか、そこには必ずしもヒントがあるとは限りません。あるときには直感から入ることもあれば、状況を論理的に整理することもあるでしょう。もしくは、意外な発想を必要とするかもしれませんし、結局のところ1つひとつ地道に考えなければならないこともあるはずです。あなたなら、この問題、どう解決しますか？　さて、考えてみましょう。

1年のうち、カレンダーが「曜日」と「月の日数」がまったく同じになる月は何月と何月でしょうか？（うるう年ではないものとします）

Hint!

各月と日数　一覧

1月（31日）	7月（31日）
2月（28日）	8月（31日）
3月（31日）	9月（30日）
4月（30日）	10月（31日）
5月（31日）	11月（30日）
6月（30日）	12月（31日）

A.1月と10月

月の日数と、曜日のズレ（1週間は7日）は、次のようになります。

月	日数	ズレ
1	31	+3
2	28	+0
3	31	+3
4	30	+2
5	31	+3
6	30	+2
7	31	+3
8	31	+3
9	30	+2
10	31	+3
11	30	+2
12	31	+3

1月から10月までの、累計の曜日のズレは21日になります（3+0+3+2+3+2+3+3+2=21）。

21日は、1週間の日数である7の倍数のため、1月と10月の曜日は同じになります。また、1月と10月は月の日数が同じです。

ちなみに、3月と11月、4月と7月、9月と12月は日数のズレが7の倍数のため、曜日が同じになります。ただし、日数が同じではありません。

ぐちゃぐちゃになっているロープを一直線に切ってみます。さて、何本のロープができるでしょう？

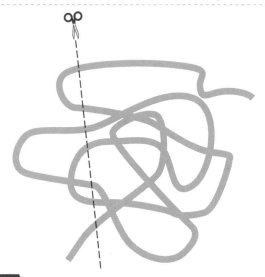

Hint!

右のように切ると、4本のロープになります。

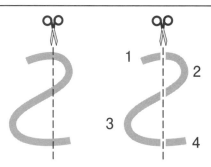

A. 8本

何本のロープになるか、バラバラにして数えるのは大変
ですね。

そこで、ロープを一直線に切るときの切った回数に注目
しましょう。実は、切った回数だけ、ロープの数はプラス
1になっているのです。

切った回数が1回の場合は、ロープは2本に、*Hint!*の
ように、切った回数が3回の場合は、ロープは4本になり
ます。

問題の図のロープを見てみましょう。切った回数を数える
と7回。ロープは8本になるとわかります。

<ルール>にしたがって、次の4つの数字を使って計算式をつくり、10にしましょう。これを「10パズル」といい、Q1～Q3は答えが1通りしかない難問です。

Q1 1 1 5 8

Q2 9 9 9 9

Q3 3 4 7 8

<ルール>
①四則演算とカッコを使用して計算式をつくる
②数字をくっつけて使用 NG（例：1と1→11）
③累乗、ルートなどは使用 NG

例　1 1 2 4
　　1＋1＋2×4＝10

Q1 $8 \div \{1-(1 \div 5)\} = 10$

Q2 $\{(9+(9 \times 9)\} \div 9 = 10$

A. Q3 $8 \times \{3-(7 \div 4)\} = 10$

Q1 $8 \div \{1-(1 \div 5)\} = 8 \div (1-\frac{1}{5})$
$= 8 \div \frac{4}{5}$
$= 8 \times \frac{5}{4}$
$= 2 \times 5$
$= 10$

Q2 $\{9+(9 \times 9)\} \div 9 = (9+81) \div 9$
$= 90 \div 9$
$= 10$

Q3 $8 \times \{3-(7 \div 4)\} = 8 \times (3-\frac{7}{4})$
$= 8 \times (\frac{12}{4}-\frac{7}{4})$ ← $(3=\frac{12}{4})$
$= 8 \times \frac{5}{4}$
$= 10$

123456は、①3、②4、③8 で割り切れるでしょうか？

電卓を使えば
「答え」はわかるけど
「解き方」は
どうすればいいかな

A. ①、②、③とも割り切れる

「123456」のように、ケタ数が多いと、なんの数で割り切れるかパッとわからない場合があります。そんなときは、次の法則にのっとると、すぐにわかりますよ。

3で割り切れる数：各位の数の和が3で割り切れる
　（ex：2022→2＋0＋2＋2＝6）
4で割り切れる数：下2ケタが「00」か4で割り切れる
　（ex：73400、43524→24は4で割り切れる）
5で割り切れる数：1の位が0か5
　（ex：249385、24730）
6で割り切れる数：1の位が偶数で、かつ、各位の数の和が3で割り切れる
　（ex：81642→8＋1＋6＋4＋2＝21）
※7で割り切れる数：6ケタ以上でないと法則がありません
8で割り切れる数：下3ケタが、「000」か、8の倍数
　（ex：941000、941024）
9で割り切れる数：各位の数の和が9で割り切れる
　（ex：439146→4＋3＋9＋1＋4＋6＝27）

⑦を必ず１つ含めて、四角形を全部使って４つの同じ形に分けなさい。

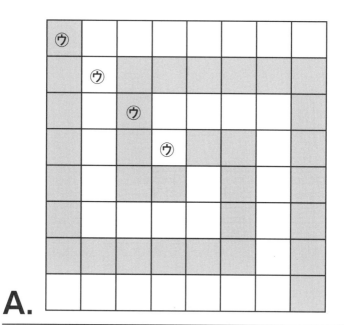

A.

1、3、5の3つの数をうまく組み合わせて、かけ算の式で答えが「153」になるような式をつくりましょう。

また、1、2、5、5でも同じように、答えが「1255」になる式をつくりましょう。

ただし、かけ算の式に使える数は1回しか使えないものとします。

3 × 51=153
A. 251 × 5 =1255

使える数字は1、3、5の3つだけで、153をつくります。まずは、ざっくりとした計算であたりをつけましょう。153は、[150＝50×3] を調整すると答えが出そうですね。次に、1255を考えてみましょう。これも、ざっくり計算であたりをつけて考えます。1255は、[1250＝250×5] を調整すると答えに近づきます。

Question
93

かめますは「発明した！」と驚いた様子。どうやら、下のように、正方形の図形を長方形にすると、面積が1減ると言うのです。かずとは「すごい！ 世紀の発見」と褒めています。数学のお兄さんは「実は、あるところがまちがえているんだよね」と言います。

どこが、まちがえていたでしょうか？

正方形の面積
13 × 13 = 169
長方形の面積
8 × 21 = 168

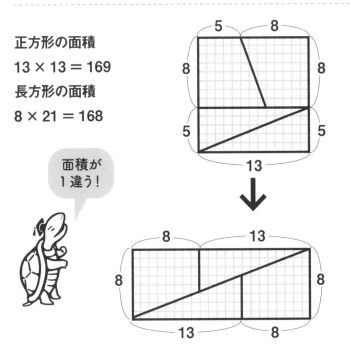

面積が
1 違う！

三角形と台形で、わずかに斜辺のかたむきが異なる

A.

長方形の図形が、実は、わずかに斜辺のかたむきが異なっていたのです。確認しましょう。

次の図の三角形に注目します。

「1辺が13、もう1辺が5の三角形」と「1辺が8、もう1辺が3の三角形」のかたむきを計算して求めましょう。

$$5 \div 13 = 0.3846\cdots \qquad 3 \div 8 = 0.375$$

このことからも、斜辺がまっすぐのようにみえて、いびつに曲がっていたのです。

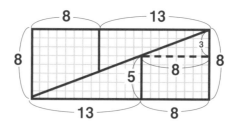

正方形に並んだ A、B、C、D の家々を結ぶ道路をつくります。それぞれを結ぶ最短経路の線を描きなさい。

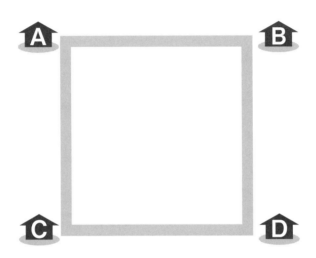

Hint!

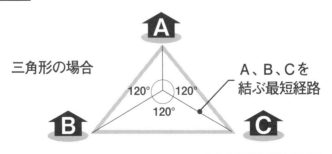

三角形の場合

A、B、Cを結ぶ最短経路

120° 120°
120°

A.

1辺が1の長さの正方形の場合、ABCDを結ぶ線は、右の①のようにかけます。これの長さは、3になります。

②のようにクロスしてつなぐと、その線の長さは合計で、約2.8（$2\sqrt{2}$）になりますが、これよりも短く結ぶ線があるのです。

最短経路を結ぶ線が作る角度が120°になるようにします。すると、線の長さの合計が[$1+\sqrt{3}\fallingdotseq2.73$]で、一番短くなります。

このように、最短距離を求める問題を「シュタイナー木問題」といいます。道路網や発電所からの電線網など、都市開発に利用されたりします。

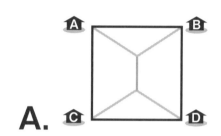

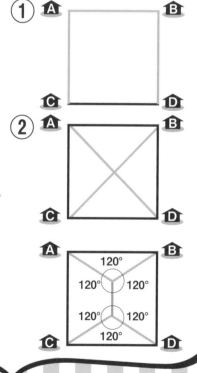

１％の確率で当たるくじに
100回挑戦します。
少なくとも１回は当たる確率は、次のＡ〜Ｄのうちどれでしょうか？

Ａ　90〜100%
Ｂ　80〜89%
Ｃ　70〜79%
Ｄ　60〜69%

A. D 60 ～ 69%

1%の確率で当たるくじに100回挑戦するので、1回は必ず当たると直感では考えるところです。しかし、実は、少なくとも1回は当たる確率は、60 ～ 69%だったのです。

1回挑戦して当たらない確率は $\frac{99}{100}$ です。
100回挑戦して当たらない確率は次の通りです。

$\frac{99}{100} \times \frac{99}{100} \times \cdots \times \frac{99}{100} \times \frac{99}{100}$ （← $\frac{99}{100}$ が100あります）

100回挑戦して、少なくとも1回は当たる確率は次の通りです。

$1 - (\frac{99}{100} \times \frac{99}{100} \times \cdots \times \frac{99}{100} \times \frac{99}{100})$

これを概算で計算すると約63%になります。
1%当たるくじを100回やって1回も当たらない人が約3人に1人はいるということですね。

同じ大きさの正方形がA〜Fの6つあります。上から見てAの正方形から奥に、次のように重なって、B〜Fがわずかに見えています。Aからどのように重なっているか、上から順番にアルファベットで答えなさい。

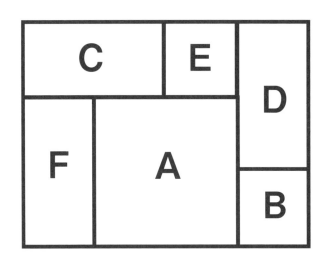

A. (A→) F→C→E→D→B

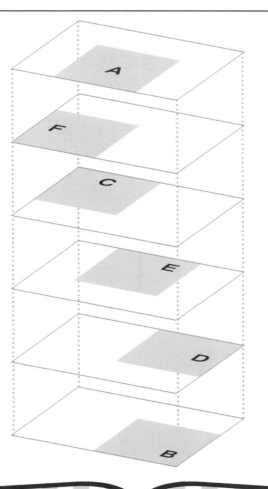

紙を折って開くと、折り目が1つできます。

同じ方向にもう1回折って開くと、折り目が3つになります。

では、5回折ると折り目はいくつになるでしょうか？

また、10回折ると折り目はいくつになるでしょうか？

Hint!

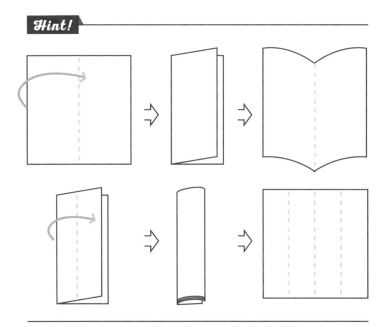

5回折ると、
折り目は31、
10回折ると、
A. 折り目は1023できる

このような問題は、法則性を見つけましょう。

1回折ると、$\frac{1}{2}$にする折り目が1つできます。

2回折ると、$\frac{1}{4}$にする折り目が3つできます。

3回折ると、$\frac{1}{8}$にする折り目が7つできます。

4回折ると、$\frac{1}{16}$にする折り目が15できます。

5回折ると、$\frac{1}{32}$にする折り目が31できます。

6回折ると、$\frac{1}{64}$にする折り目が63できます。

7回折ると、$\frac{1}{128}$にする折り目が127できます。

8回折ると、$\frac{1}{256}$にする折り目が255できます。

9回折ると、$\frac{1}{512}$にする折り目が511できます。

10回折ると、$\frac{1}{1024}$にする折り目が1023できます。

「？」は、色で塗り分けられた、ある多面体です。ルールの１〜３に当てはまる多面体をすべて答えなさい。

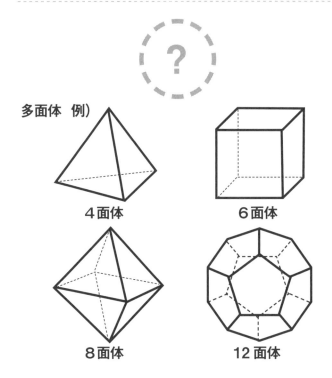

多面体 例)

4面体

6面体

8面体

12面体

ルール1 その多面体のある4つの面は、青ではありません

ルール2 その多面体のある4つの面は、白ではありません

ルール3 その多面体のある4つの面は、赤ではありません

A. 4面体と、6面体

ルール1は、「4つの面は、青ではない」ため、残りの面が青になります。ルール2、3も同様に考えなければなりません。

4面体の場合は、4つの面とも例えば黄色にすれば青でも、白でも、赤でもない多面体になるため、ルールを満たします。

6面体の場合は、6つの面のうち、2つが青、2つが白、2つが赤でできるので、次のようにルールを満たします。

ルール1：6つの面のうち4つは青ではないので、残りの2つは青
ルール2：6つの面のうち4つは白ではないので、残りの2つは白
ルール3：6つの面のうち4つは赤ではないので、残りの2つは赤

8面体では次のようにルールに合わせると、4つの面が青、4つが白、4つが赤になり、面が12こ必要になり、まちがいになります。

ルール1：8つの面のうち4つは青ではないので、残りの4つは青
ルール2：8つの面のうち4つは白ではないので、残りの4つは白
ルール3：8つの面のうち4つは赤ではないので、残りの4つは赤

8面体以降も同様にルールを満たす多面体はありません。

<ルール>にしたがって、4つの数字７７７７を使って計算式をつくり、10 にしましょう。

ルール１　四則演算とカッコを使用して計算式をつくる

ルール２　数字をくっつけて使用 OK
（例：７と７→77）

ルール３　累乗、ルートなどは使用 NG

A. $(77-7) \div 7 = 10$

Question 100

暗闇の中、吊り橋を渡ります。懐中電灯がなければ渡れず、1本しかありません。また、同時に渡れるのは2人までです。かずと、かずみ、数学のお兄さん、かめますの4人が橋を渡るのにそれぞれ1分、2分、8分、10分かかるとき、全員が渡り切るのにかかる時間は最短何分でしょうか?

1分 かずと
2分 かずみ
8分 数学のお兄さん
10分 かめます

Hint!

22分より早くできます

A.17分

かずととかずみで橋を渡って（2分）、かずとが戻ってくる
（1分）と合計で3分になります。

次に、数学のお兄さんとかめますで橋を渡って（10分）、
かずみが戻ってくる（2分）と合計で12分かかります。

最後に、かずととかずみで渡って2分となります。

おわりに　〜数学クイズ100問で身についた３つのこと〜

数学クイズは、いかがだったでしょうか？

100問を「考えて」「理解する」ことは、かんたんではなかったと思います。おつかれさまでした。

大変だったけどがんばって取り組んだ人ほど、数学的な考え方が身についていること間違いありません。どんな能力が身についたか、ふだんの暮らしに３つの変化が表れると思います。具体的な例を交えますので、自分に当てはまるか、確認してみてください。

1つ目は、どんなことでも「ムリっ！」とすぐに投げ出さずに、「考えたら解決の糸口があるかもしれない」「一回は考えてみよう」と思えるようになったのではないでしょうか。

数学クイズの問題は、パッと答えにくいもの。また、解説を何度も注意深く読み込む必要があったからです。

ふだんの生活でも、あきらめるのはかんたん。でも、ねばり強く考えたり、理解したりすると、新しい知見にたどりつけるのです。例えば、「世界一周旅行をしたい」という夢があるとします。けれど、語学力やお金、まとまった時間がないため、「ムリっ！」となるか、あるいは、「どうやったらできるか」と可能性を考えるか。大きな差があると思いませんか？

2つ目は、問題に直面したとき「一度、立ち止まれる」ことです。身の回りには、不正確な情報がたくさんあります。うのみに

したら判断も間違えてしまいます。でも、数学クイズで「これで正しい？」「もう一回、読み返そう」と思う論理の穴や肝を見つける能力が身についたのではないでしょうか？

　例えば、「売上げ１位のこの健康サプリ、今だけ6000円」と言われて買いますか？　「売上げ１位」は、何と比較した順位でしょう。２つの健康サプリと比較して１位ならたいしたことありません。また、半年間6000円でも「今だけ」と言えるので、決して急いで買う必要ありませんね。
　一度、立ち止まって考えることができれば、情報を整理して、誤った選択を避けられるのです。

　３つ目は、「問題の枠組みをつかんで、シンプルに考えられる」です。「はじめに」にも述べたように、世の中、問題であふれています。人生には判断に悩まされることがたくさんあります。そのとき、「何が問題なのか」がわかれば、シンプルに考えられるようになるのです。

　具体的に、ぼくの経験を紹介します。
　ぼくは、大学で数学を学んでいる頃から「数学のお兄さん」の活動をしていました。卒業後、IT企業で働いていましたが、「算数・数学」をテーマに独立する前提でいました。独立するうえで不安なことを挙げるとキリがないかもしれませんが、ぼくは特に大きな不安はありませんでした。

　なぜなら、「何がリスクとなるか」をはっきりさせていたからです。かんたんに言うと「お金は、やりたいこととは別で時給

5000円稼げるスキルを兼ね備えていれば、たとえやりたいことでまだ稼げていなくてもふつうの暮らしができる」「多くの人に会うようにして社会と接点を持てば、自分を成長させ続けることができて仕事の幅が広がる」。

　この2点に気をつければ、独立してもやっていけるとわかったのです。さらに、その2点を伸ばせば、もっと豊かな暮らしになって、いろいろとチャレンジできるのです。

　ぼくなりに「独立するためにはどうすればいいか」という問題の枠組みを2点つかんでいました。だからこそ、シンプルに考えられたのです。現在では、算数・数学教室をはじめとした「算数・数学のコンテンツを作る」math channelを設立し、多くの人たちに算数・数学をより身近に、より楽しいものにする活動ができています。

　これは、数学クイズも同じです。「問題は、どんな答えを求めているか」「何が答えに結び付くか」を見極める必要がありました。それを100問もトレーニングしていたのです。だんだんとシンプルに考えられるようになるはずです。

　これらの数学的な考え方が身についているか、自身でわかる人もいれば、実感ない人もいるかもしれません。そこで、**数学クイズが終わったあとのおすすめの使い方を紹介します。**

　まず、100問の中で、特に印象に残った問題はどれでしょう？「わかった！」となった問題はありましたか？　「やられた！」と悔しい気持ちにさせられた問題は？　思い返してみてください。

その印象に残った問題で次の2つを試してみてください。

① 誰かに出題してみる

② その問題のアレンジ問題を作って出題してみる

あなたが印象に残った問題（＝感動した問題）です。出題したらそれは伝わります。また、それが「ほかの人にも数学を楽しいと思うきっかけを作る」行動をしているのです。

とてもすてきなことだと思いませんか？

ぼくは、math channel代表、数学のお兄さんの活動などを通して「なるほど！」「やられた！」という人が、目を輝かせていたのを見てきました。それは、その人が数学にハマるきっかけです。その数学は暮らしにプラスに生きていきます。そんな活動をみなさんも試してほしいと思います。

もちろんこの本以外にも、数学の魅力がたくさん詰まった本がたくさんあります。「数学をもっと知ってみたい！」と思った方は、ぜひさらに数学の世界へ足を踏み入れてみてください。

『文系も理系もハマる数学クイズ100』は、いかがでしたか。

ぜひまた別の本でもお会いしましょう。

math channel代表

数学のお兄さん

横山明日希

著者紹介

横山明日希（よこやま・あすき）

math channel 代表、日本お笑い数学協会副会長。2012年、早稲田大学大学院修士課程単位取得（理学修士）。数学応用数理専攻。大学在学中から、数学の楽しさを世の中に伝えるために「数学のお兄さん」として活動を開始し、これまでに全国約200か所以上で講演やイベントを実施。2017年、国立研究開発法人科学技術振興機構（JST）主催のサイエンスアゴラにおいてサイエンスアゴラ賞を受賞。著書に『笑う数学』、『笑う数学 ルート4』（KADOKAWA）、『文系もハマる数学』（小社刊）などがある。

制作協力　株式会社 math channel（吉田真也　小野健太　渡邉峻弘）
本文デザイン・DTP・図版　orangebird
キャラクターイラスト　山下以登
P39 図版　AD・CHIAKI

解けば解くほど、頭が鋭くなる！

文系も理系もハマる数学クイズ 100

2021年4月20日　第1刷
2022年10月15日　第5刷

著　者　横山明日希

発行者　小澤源太郎

責任編集　株式会社プライム涌光

電話　編集部　03(3203)2850

発行所　株式会社青春出版社

東京都新宿区若松町12番1号〒162-0056
振替番号　00190-7-98602
電話　営業部　03(3207)1916

印刷・大日本印刷　　製本・ナショナル製本

万一、落丁、乱丁がありました節は、お取りかえします

ISBN978-4-413-11354-0 C0000
©Asuki Yokoyama 2021 Printed in Japan